DISCOURS

PRONONCÉ A LA RENTRÉE DES FACULTÉS DE POITIERS

LE 27 NOVEMBRE 1884

PAR

M. DELAUNAY *(Edouard)*

Professeur à l'École de Médecine

MONSIEUR LE RECTEUR,

MESSIEURS,

Il y a deux ans, dans cette enceinte, et en semblable circonstance, M. le professeur Schneider exposait des idées philosophiques très élevées sur la zoologie ; permettez-moi de venir aujourd'hui vous présenter quelques considérations sur la physiologie, qui, par ses principes, est étroitement unie à la zoologie, mais qui, par ses applications, est liée d'une manière intime à la médecine.

La physiologie nous fait connaître le jeu ou la fonction des organes, et nous explique le mécanisme de la vie ; elle est une conquête des temps modernes, car son évolution a suivi celle de l'anatomie, de la physique et de la chimie, ses bases naturelles, dont l'origine, on peut le dire, est de date récente. Dans l'antiquité, en effet, ces trois branches de la science étaient à peine à l'état de germe, et

2

elles sont restées telles jusqu'à la renaissance. Pendant la longue période du moyen âge, on se contenta, pour l'enseignement de l'anatomie dans les écoles, des notions générales, laissées par Galien, sur l'organisation des animaux supérieurs. Il eût été difficile alors de vérifier sur l'homme les résultats avancés par le médecin de Pergame, parce que les préjugés sociaux et religieux s'opposaient aux dissections des cadavres humains. Les papes avaient sévèrement défendu, par des bulles spéciales, « de couper et cuire les morts ». On raconte cependant que, vers 1315, Mondini, de Bologne, osa enfreindre la défense. Il disséqua deux cadavres de femmes, et s'empressa de publier un ouvrage d'anatomie. Les erreurs grossières dont fourmille cet ouvrage font supposer que l'auteur n'avait pas la conscience très rassurée quand il le composa. Mandini déclare franchement qu'il n'ouvrit point la tête des sujets, dans la crainte de commettre un péché mortel.

A partir des xvie et xviie siècles, les choses changent complètement : les papes lèvent les interdictions portées par leurs prédécesseurs. Les corps des suppliciés et des décédés dans les hôpitaux sont abandonnés aux anatomistes. Des amphithéâtres permanents sont édifiés dans les principales villes ; les artistes les plus illustres de l'époque, Leonard de Vinci, le Titien, Raphaël, Michel-Ange, pour se perfectionner dans l'esthétique des formes extérieures, se livrent avec ardeur aux dissections : de magnifiques planches dessinées par eux ajoutent encore aux moyens d'étude des organes de l'homme. Au milieu de conditions aussi favorables, l'anatomie se constitua promptement dans son ensemble. Parmi les savants qui contribuèrent le plus à son développement depuis la renaissance jusqu'au commencement du xixe siècle, nous trouvons André Vésale, Fallope, Eustachi, Meckel, Albinus, Winslow, Xavier Bichat, Xavier Bichat, le créateur de l'anatomie générale qui, avec le microscope, allait ouvrir la voie aux découvertes histologiques.

La physique et la chimie eurent un essor non moins rapide, essor dû aux travaux de Galilée, Toricelli, Pascal, Réaumur, Franklin, Volta, d'une part ; de Cavendish, Priestley, Scheele, Lavoisier, Fourcroy, Berthollet, Guyton de Morveau, d'autre part.

Bichat rejette avec un certain dédain le concours des sciences physiques pour la physiologie. « La chimie et la physique, dit-il, ont été perfectionnées avant les sciences physiologiques, on a cru éclaircir celles-ci en y associant les autres. On les a embrouillées, c'était inévitable. Laissons à la chimie son affinité, et à la physique son élasticité et sa gravité ; n'employons pour la physiologie que la sensibilité et la contractibilité. » Notre immortel Bichat, emporté par son admiration pour les propriétés organiques, est vraiment injuste en cette occasion. Les services rendus à la biologie, par la chimie et par la physique, sont incontestables : non-seulement la chimie nous initie aux détails les plus cachés de la nutrition, non-seulement la physique nous aide à comprendre le mode de fonctionnement de nos appareils, mais encore, avec les réactifs si variés de la chimie, avec les instruments si parfaits de la physique, nous apprécions sûrement les caractères propres de la matière animée.

Pour connaître les fonctions des organes, il faut interroger ces organes sur les animaux vivants, il faut recourir aux vivisections ; et c'est là un point bien délicat, car les vivisections ont toujours inspiré une profonde répugnance et soulevé de violentes oppositions. Il y a quelques années (1863), une vive réaction se manifesta en Angleterre contre cette méthode. A Londres, la Société protectrice des animaux adressa au gouvernement français une protestation très énergique, à propos des expériences faites journellement par Claude Bernard et ses élèves. Dans la protestation on qualifiait ces expériences de « pratiques abominables, de cruautés monstrueuses faisant honte à la civilisation, d'outrage à la nature et à Dieu lui-même ». Le mémoire anglais, discuté à l'Académie de Médecine, fut, de la part de feu Moquin-Tandon l'objet d'un remarquable rapport lu à la séance du 4 mars 1863. Tout en recommandant, dans son rapport, la plus grande réserve quand on opère sur les animaux, Moquin-Tandon fait ressortir d'une manière éclatante l'utilité des vivisections pour les progrès de la physiologie. Malgré ce qu'il y a de respectable, en effet, dans les sentiments des personnes qui condamnent le procédé, il est impossible de ne pas reconnaître que les expériences sur les sujets vivants sont une source féconde d'instruction pour le physiologiste. Avant ces expériences, on proposait pour l'explication des phénomènes vitaux des hypothèses bizarres qui se résument dans la doctrine astrologique de Théophraste Paracelse, dans la théorie des Archées de Van-Helmont, dans le système iatro-chimique de Sylvius Leboë.

Avec les vivisections, nous voyons surgir des faits positifs et indéniables; les découvertes physiologiques se succèdent sans interruption, découvertes auxquelles se rattachent tout d'abord les noms de Guillaume Harvey, Gaspard Aselli, Marcel Malpighi, Albert de Haller, John et William Hunter. Dans notre siècle, Legallois, Flourens, Magendie, Longet, Claude Bernard, Brown-Séquard, Schiff, Ludwig, Vulpian, Marey, ont dévoilé des faits d'une grande valeur et d'une haute portée scientifique.

En s'appuyant sur les données de l'anatomie, de la physique et de la chimie, et sur les résultats des vivisections, la physiologie est devenue une science exacte, une science ayant ses lois et ses applications.

Les applications de la physiologie intéressent surtout la médecine, et on doit énoncer, comme proposition fondamentale, que pour le médecin l'étude de la physiologie est de première nécessité ; car le médecin, pour porter un diagnostic, doit interpréter les troubles fonctionnels soumis à son examen. Il ne pourra nullement interpréter ces troubles, s'il ne sait préalablement comment les organes agissent en l'état de santé.

Un élément essentiel du diagnostic, l'exploration du pouls, ne sera d'aucun secours si le mécanisme de la circulation normale est ignoré. Or, c'est la physiologie qui nous apprend ce mécanisme, et qui nous fait prévoir ce qui adviendra lorsque les conditions circulatoires seront modifiées.

Il est une locution familière qui consiste à dire que nos appareils se rouillent. Cette locution entraîne avec elle l'idée d'usure et d'altération matérielle. Elle est pleinement confirmée par l'histologie pathologique qui a démontré que la substance de nos tissus s'altère réellement et subit, sous l'influence de la sénilité, de la maladie et des diathèses, des transformations ou dégénérescences qui changent entièrement ses propriétés.

Les vaisseaux sanguins surmenés par un travail physiologique incessant offrent fréquemment ces transformations. Leurs éléments anatomiques normaux, fibres élastiques et fibres musculaires qui leur communiquent une force de retrait indispensable à la progression du sang, sont remplacés par des éléments athéromateux ou osseux complètement inertes. Il est aisé d'indiquer à l'avance les phénomènes morbides qui seront la conséquence de pareilles dégénérescences.

Supposons, par exemple, que les vaisseaux d'une région où la circulation est ordinairement très active deviennent athéromateux. Les premiers accidents observés dans la région seront des congestions. Mais bientôt, sous le coup d'une systole ventriculaire un peu forte, la paroi vasculaire dégénérée, n'ayant plus une résistance suffisante, cédera en un de ses points, le fluide sanguin s'épanchera dans le voisinage, il y aura apoplexie. — Les choses se passent alors comme ce qui a lieu pour les tubes métalliques employés à la conduite de l'eau et du gaz dans nos côtés, quand ces tubes, par le fait d'une pression subite, se brisent dans leurs parties rongées par l'oxydation, et laissent échapper leur contenu dans le sol ambiant.

Les recherches physiologiques, entreprises depuis environ cinquante ans sur le sang, ont montré que les changements qui surviennent dans la constitution de ce liquide s'accompagnent de phénomènes plus ou moins graves. Il arrive souvent, chose remarquable et d'une importance extrême pour le praticien, que des modifications tout à fait opposées dans leur nature se traduisent par une même expression symptomatique. Ainsi, dans l'anémie comme dans la pléthore, on éprouve de la céphalalgie, des vertiges, de la somnolence. Si le médecin oublie la particularité que nous signalons, il peut instituer une médication désastreuse pour les malades.

Le contact du sang avec les tissus est nécessaire au fonctionnement des organes. Lorsqu'on serre une ligature autour de l'artère principale d'un membre, ce membre n'exécute plus le moindre mouvement ; il obéit de nouveau à la volonté lorsque la ligature est enlevée.

Richard Lower constata le premier, en 1665, qu'un animal plongé dans un état de mort apparente par une hémorragie abondante, peut être rappelé à la vie, si on transfuse dans son appareil circulatoire une certaine quantité de sang emprunté à un autre animal. L'expérience de la transfusion a été répétée bien des fois depuis Lower. M. Brown-Séquard l'a présentée sous une forme saisissante. Ce physiologiste décapite un chien, la tête est déposée sur la table du laboratoire, elle est morte, mais on pousse un peu de sang dans la carotide. Immédiatement, la physionomie s'anime ; et, lorsque le chien est

appelé par son nom, ses yeux se tournent vers l'expéri-
mentateur, comme si la voix du maître était reconnue.

De la transfusion chez les animaux à la transfusion chez
l'homme, il n'y avait qu'un pas : ce pas fut franchi en 1666
par Denys, professeur de philosophie, à Paris, qui trans-
fusa le sang d'un jeune taureau dans l'appareil circulatoire
d'un pauvre maniaque en proie à un accès de délire
furieux. Le malade se calma subitement, Denys eut des
imitateurs qui, eux aussi, obtinrent d'heureux résultats.
Ces succès excitèrent un enthousiasme extraordinaire.
On se laissa aller aux illusions les plus extravagantes. On
pensa que la nouvelle méthode supprimerait la matière
médicale tout entière, car il suffirait de transfuser, chez
un valétudinaire, le sang provenant d'un sujet sain et
vigoureux, pour faire disparaître les traces de la maladie.
On espéra même, comme on l'a dit, réaliser les merveilles
de la fontaine de Jouvence, en injectant dans les veines
d'un vieillard le sang d'un enfant. Cet enivrement fut de
courte durée, les revers ne tardèrent pas à se montrer. Le
maniaque de Denys fut pris d'un second accès de fureur ;
on tenta la transfusion, le patient succomba pendant
l'opération. Le fils du premier ministre du roi de Suède,
et plusieurs autres malades eurent le même sort. Le
17 avril 1668, un arrêt du Châtelet défendit de pratiquer
la transfusion sans l'assentiment de la Faculté de médecine.

La transfusion ne fut reprise que vers le commencement de notre siècle : elle eut des phases très diverses.
Toutefois, dans ces dernières années, les opérateurs ayant
eu recours à des procédés nouveaux, de nombreux succès
ont été enregistrés.

Nous sommes renseignés par la physiologie sur la
génèse d'une foule de troubles digestifs ou dyspepsies que
nous pouvons combattre avantageusement par une hygiène
rationnelle.

L'étude de l'absorption nous a appris comment s'introduisent dans l'économie les principes délétères qui donnent naissance à de redoutables affections, et elle nous a procuré les précieuses méthodes thérapeutiques des inhalations, des frictions médicamenteuses, des applications endermiques, des injections hyppodermiques.

Des désordres fonctionnels multiples nous sont offerts par l'appareil respiratoire ; il importe beaucoup d'en saisir la signification, il est impossible de saisir cette signification, sans la notion des phénomènes respiratoires normaux. Sans cette même notion, l'œuvre d'Aven-Brugger et l'œuvre de Laennec demeurent absolument stériles.

A toutes les époques de la science, la chaleur propre des animaux a fixé l'attention des naturalistes. Les anciens la considéraient comme une propriété vitale apparaissant avec l'individu et çessant avec lui. Dans les premiers temps de la Renaissance, les adeptes de la doctrine chimique l'attribuèrent à une fermentation, en tout analogue à celle qui se développe dans les matières végétales entassées en grande masse au contact de l'air humide.

Au XVIIe siècle, beaucoup de savants cherchaient avec Borelli à appliquer aux phénomènes qui se passent chez les êtres vivants les lois de la mécanique. Une ingénieuse théorie fut alors proposée. Partant de ce fait d'observation vulgaire, que le frottement est une cause énergique de production de chaleur, comme le témoigne l'embrasement d'une roue qui tourne rapidement sur son essieu. On avança que la chaleur animale résultait tout à la fois et du frottement des organes les uns contre les autres et du frottement des globules sanguins contre les parois des vaisseaux dans lesquels ils circulent. On prétendit expliquer par cette dernière condition les perturbations très fréquentes de notre calorification. Ainsi le froid qu'on ressent dans les hémorragies dépend de la perte des globules. On a chaud quand on se livre à un exercice

violent, parce que la circulation étant accélérée, il y a
augmentation du frottement des globules contre les parois
des vaisseaux. On se refroidit en dormant parce que le
sang circule plus lentement. Dans le stade de frisson de
la fièvre, il y a spasme ou resserrement des vaisseaux ;
les globules s'arrêtent, mais le cœur, se contractant avec
force pour vaincre la résistance qui lui est opposée par les
artères, finit par surmonter cette résistance : les globules
reçoivent une impulsion énorme et parcourent l'arbre
circulatoire avec une très grande vitesse, d'où dégagement
de chaleur assez intense pour amener l'hypersécrétion
sudorale précédant la fin de l'accès. Ces explications bien
séduisantes, il faut en convenir, tombent devant les expériences et les calculs des physiciens qui estiment que, s'il
y a production de chaleur par suite du frottement des
organes entre eux et par suite du mouvement des globules, cette production est si minime qu'il n'y a pas lieu d'en
tenir compte.

Il était réservé à Lavoisier de donner la véritable théorie
de la calorification animale. Pour Lavoisier, la chaleur
propre des animaux provient des phénomènes de combustion opérés dans l'organisme par l'oxygène inspiré : cet
oxygène brûle une certaine proportion de carbone et
d'hydrogène pour former de l'acide carbonique et de la
vapeur d'eau qui sont exhalés au dehors.

Lavoisier a comparé l'animal vivant à une lampe allu-
mée, et rend sa comparaison en ces termes : « C'est l'air
qui fournit l'oxygène, et le calorique, c'est la substance
de l'animal, c'est le sang qui fournit le combustible. Si les
animaux ne réparaient pas habituellement ce qu'ils perdent
par la respiration, l'huile manquerait bientôt à la lampe,
et l'animal périrait comme une lampe s'éteint lorsqu'elle
manque de nourriture. »

Lavoisier ne se contenta pas d'énoncer sa théorie, il la
démontra par des expériences aussi bien comprises que

bien exécutées avec son calorimètre à glace. Son opinion, du reste, a été corroborée par les travaux de MM. Dulong, Despretz, Fabre et Silbermann. Claude Bernard annonça plus tard que les phénomènes de combustion produisant la chaleur animale se passent dans la trame même des divers tissus de l'organisme.

Il est donc clairement établi aujourd'hui que la chaleur propre des animaux est due à une combustion véritable. Mais cette chaleur animale n'est pas seulement un effet, c'est aussi une cause efficace du jeu des organes.

Pendant la saison froide, certains animaux, qui ne produisent qu'une faible quantité de calorique, ne peuvent réagir contre l'abaissement de température du milieu où ils se trouvent, ils s'engourdissent peu à peu et tombent dans l'état de torpeur qui est désigné sous le nom de sommeil hibernal. Ils ne reprennent leur énergie fonctionnelle qu'au printemps, quand ils se sont réchauffés sous l'action des rayons solaires.

D'un autre côté les animaux qui jouissent d'une grande activité vitale se font remarquer par leur puissance de calorification.

Il est légitime d'admettre d'après cela que, dans les phénomènes d'ordre biologique, comme dans les phénomènes d'ordre physique, la chaleur se transforme en mouvement.

Pour contribuer utilement au travail physiologique, la chaleur ne doit pas dépasser certaines limites. Quand ces limites seront dépassées des accidents nombreux se dérouleront.

Non seulement les agents extérieurs donnent lieu à ces changements de chaleur s'accompagnant d'accidents, mais les conditions pathologiques interviennent de la même manière.

Les médecins se préoccupent beaucoup aujourd'hui des variations morbides de température, et la thermométrie médicale, vulgarisée par MM Wunderlich, Vulpian, Lorain, Charcot, etc., est appelée à occuper le premier rang en sémiologie.

Le plus souvent, dans les maladies, il y a augmentation de chaleur, et cette chaleur anormale (*calor præter naturam*) dont Galien faisait un des caractères principaux de la fièvre, peut, d'après la manière dont elle se comporte dans sa période d'ascension, sa période d'état (fastigium), et sa période de décroissance (défervescence) fournir de précieux renseignements, au point de vue du diagnostic, du pronostic et du traitement.

Quelques praticiens avec Liébermeister (de Bâle) pensent qu'une élévation excessive de température, résultant dans les maladies d'une combustion organique exagérée, est le point de départ de terribles complications, et conseillent des moyens capables de diminuer cette hyperthermie : les uns proposent l'alcool à haute dose, les autres le sulfate de quinine ou la digitale ; plusieurs préconisent le mode de traitement par l'eau froide, inauguré au siècle dernier par James Currie, et appliqué depuis quelques années suivant la méthode de Brand.

L'abaissement morbide de température est très rare, on le rencontre spécialement dans le choléra, et à la suite des hémorragies. C'est un signe fâcheux qui indique l'urgence d'une médication stimulante et tonique.

Le système nerveux a été un vaste champ d'exploration pour les physiologistes. Depuis Vieussens Sœmmering, Vicq-d'Azyr, de très intéressantes recherches ont été faites sur ce système. Le rôle des différents nerfs et les fonctions de l'axe céphalo-rachidien ont été révélés par une savante analyse physiologique, reposant sur de délicates expériences. Grâce à ces expériences, on sait qu'il existe dans la moelle vertébrale des centres importants de sensibilité et de motricité. Grâce surtout aux travaux de Flourens, on sait qu'il existe dans le bulbe rachidien un foyer de force nerveuse, qui tient sous sa dépendance les fonctions les plus indispensables à l'exercice de la vie C'est le nœud vital de Flourens ; lorsqu'il est lésé, la mort est instantanée, l'individu tombe comme foudroyé.

Des observations rigoureuses ont fait connaître le pouvoir réflexe de la moelle, les fonctions du cervelet, des lobes optiques, des lobes olfactifs, des hémisphères cérébraux.

Le pouvoir réflexe de la moelle est la propriété que possède cet organe de transmettre directement aux muscles les excitations périphériques qui lui arrivent. Sous l'influence de ces excitations, les muscles se contractent d'une manière tout à fait involontaire, comme cela a lieu lorsque de l'eau froide projetée sur la peau détermine un tremblement général, ou encore lorsque le contact des helminthes sur la muqueuse de l'intestin provoque, chez les enfants, des convulsions d'une épouvantable violence.

Le cervelet préside à la coordination des mouvements volontaires.

Les lobes optiques sont le centre de perception des impressions visuelles ; les lobes olfactifs le centre de perception des odeurs.

Les facultés intellectuelles ont leur siège dans les hémisphères cérébraux. Si on enlève les hémisphères cérébraux à un animal, toute trace d'intelligence disparaît chez cet animal. De même, chez l'homme, si les hémisphères du cerveau sont atrophiés ou altérés dans leur texture les facultés intellectuelles sont toujours gravement compromises.

Mais le siège de l'intelligence est-il disséminé dans toute la masse des hémisphères ou est-il limité à certaines régions de cette masse, l'anatomie comparée et l'anatomie pathologique concourent pour démontrer que les facultés intellectuelles résident dans la couche de substance grise qui forme l'écorce du cerveau. En effet, cette couche est de plus en plus épaisse à mesure que des vertébrés inférieurs on s'élève successivement aux vertébrés supérieurs ; et, lorsqu'elle est modifiée chez l'homme par des causes morbides, on voit survenir des troubles psychiques qui varient de la folie ambitieuse marquant le début de l'encéphalite diffuse à la démence complète qui est le dernier terme de la même affection.

On est allé plus loin : on s'est demandé si les divers actes intellectuels siègeaient ensemble dans toute l'étendue de la couche corticale du cerveau, ou si chacun d'eux n'était point localisé dans telle ou telle zone de cette couche corticale.

Gall, le premier, a cherché à résoudre la question dans le sens de la localisation. Il a assimilé la surface du cerveau à une mappemonde, et a assigné une place particulière à chaque faculté, dans des régions déterminées de cette surface.

Pour asseoir sa doctrine, Gall s'est basé sur des caractères très superficiels, et il a eu le tort de conclure *a priori*. Aussi plusieurs de ses localisations ont été vivement critiquées.

L'auteur de la phrénologie est parti de cette hypothèse, que des aptitudes différentes, plus ou moins accusées, doivent se traduire sur la face externe de la boite cranienne par des bosses ou saillies correspondant aux parties de l'écorce cérébrale, siège de ces aptitudes, parties offrant un relief proportionnel. Ainsi Gall suppose que chez les carnassiers dont les penchants dominants sont l'astuce, la férocité et la destructivité, le siège de ces penchants se trouve dans les points encéphaliques, en rapport avec la région temporo-zygomatique, parce que cette région se fait remarquer par un développement notable chez ces animaux. Mais M. Lafargue, dans sa thèse inaugurale soutenue le 14 mai 1838, objecte que le développement de la région temporo-zygomatique se rencontre également chez les castors qui sont doués d'un naturel doux et timide, et qui ont une nourriture exclusivement végétale, tandis que les individus de la famille des mustélidés, connus pour leurs instincts cruels et sanguinaires, ont cette région aplatie. Chez eux, c'est la partie postérieure de la tête qui est très volumineuse.

M. Lafargue croit que la conformation du squelette du crâne et de la face se rattache le plus souvent à des conditions toutes mécaniques. Pour lui, le développement de la région temporo-zygomatique est commandé par la grande énergie d'action déployée par le maxillaire inférieur chez certains animaux. Les muscles puissants qui élèvent ce maxillaire doivent trouver, du côté de la fosse temporale et de l'arcade zygomatique, des surfaces appropriées d'insertion ; c'est précisément ce qui a lieu chez les carnassiers des genres Felis et Canis dont la mastication s'exerce sur des chairs résistantes, et chez les castors qui coupent avec leurs dents les arbres dont ils se servent pour la construction de leurs huttes et de leurs digues. Mais le développement de la région temporo-zygomatique n'avait pas sa raison d'être chez les mustélidés, parce que chez ces animaux qui ne font que sucer le sang de leurs victimes, et qui ont un corps soutenu par des membres assez courts, si le centre de gravité de la tête se trouvait vers le milieu de l'espace qui sépare les arcades zygomatiques et les fosses temporales de l'un et l'autre côté, l'action de la pesanteur entraînerait constamment le museau vers le sol ; tandis que la région occipitale étant fortement renflée, c'est vers cette région qu'est transporté le centre de gravité et l'action de la pesanteur y contrebalance le poids de la partie antérieure de la face, au lieu de s'ajouter à ce poids, de sorte que le port de la tête devient plus facile.

L'argumentation de M. Lafargue nous semble très logique.

D'autres physiologistes, s'appuyant sur les données irrécusables de l'anatomie pathologique, ont émis, relativement à quelques localisations cérébrales, des opinions qui sont généralement acceptées : c'est ainsi que Broca a été amené à placer dans la troisième circonvolution frontale du lobe antérieur gauche du cerveau la faculté du langage. Il a constaté en effet que, chez des sujets qui avaient succombé, après avoir présenté le singulier symptôme de l'aphasie, consistant dans l'oubli des mots destinés à exprimer la pensée, la substance de cette circonvolution était altérée ou détruite.

Quoi qu'il en soit, l'étude physiologique du système nerveux a jeté un jour nouveau sur la pathologie des centres cérébro-spinaux, et elle a nettement démontré le rôle prépondérant de l'innervation dans la dynamique de notre organisme normal ou malade

Je pourrais citer encore beaucoup d'exemples, mais j'espère que les faits que j'ai eu l'honneur de vous rappeler suffisent pour prouver qu'il n'est plus permis de dire désormais que la physiologie est le roman de la médecine. Nous devons affirmer, au contraire, d'après ces faits, que la physiologie guide fidèlement le clinicien à travers les difficultés de la pratique, et trace à l'hygiéniste les règles les plus certaines pour assurer le maintien de l'équilibre fonctionnel qui constitue la santé.

Poitiers. — Typ. de MARCIREAU & Cⁱᵉ.

www.ingramcontent.com/pod-product-compliance
Lightning Source LLC
LaVergne TN
LVHW021626170726
843501LV00010B/4180